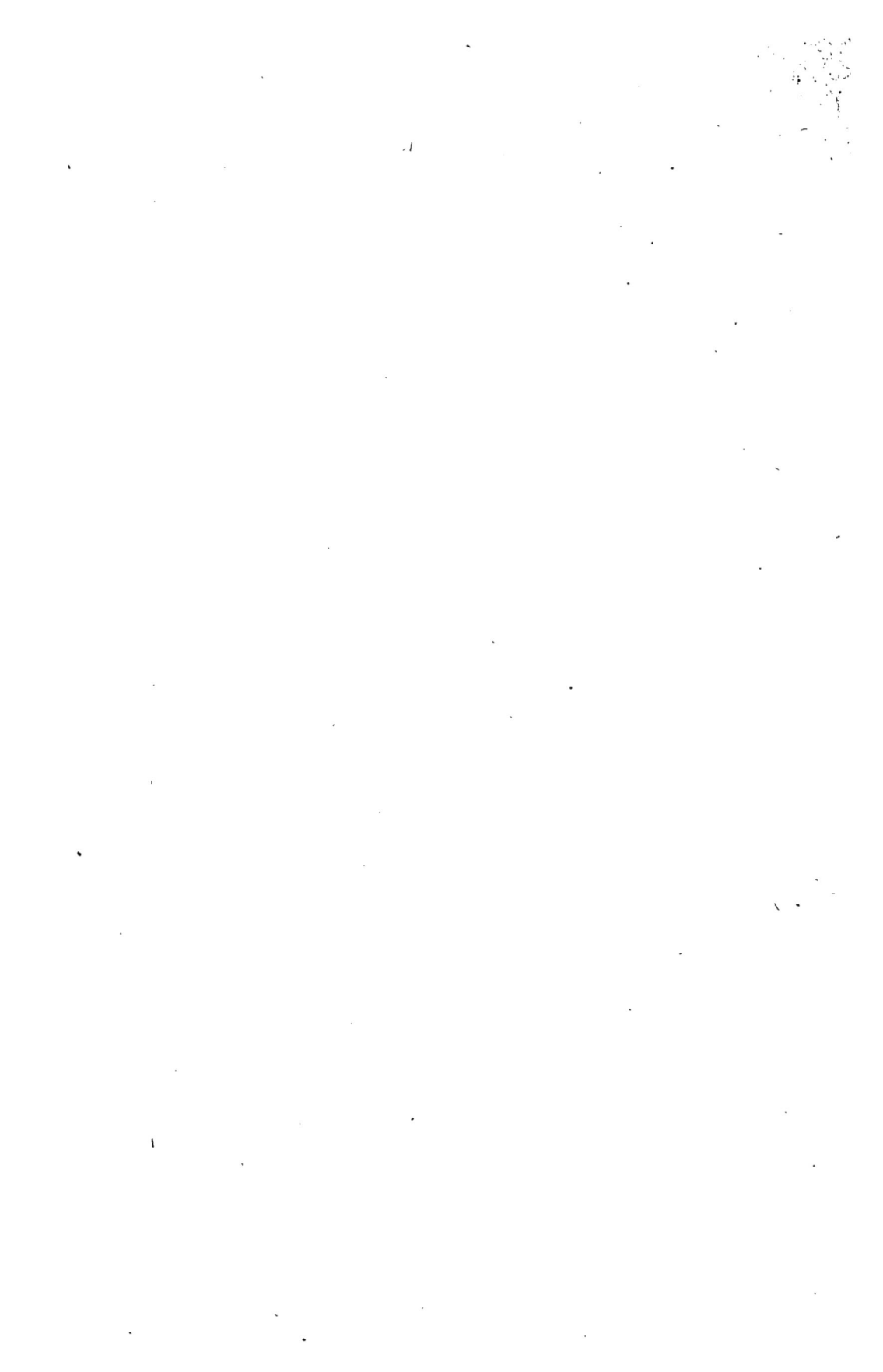

NOUVELLES DÉCOUVERTES

ET

DICTIONNAIRE

DU MAGNÉTISME

Sa nature, son origine, sa cause, ses effets ; le bien
et le mal qui peuvent en résulter; degré de confiance qu'on doit
y avoir; son application à la médecine;
lucidité, divination.

PAR AD. TRÉCOURT.

Tandem, fiat lux !
Le vrai doit être admis et le faux rejeté.
Arrière le charlatanisme!
la vérité pour tous!

PARIS

CHEZ AD. TRÉCOURT

14, RUE D'ANGOULÊME-DU-TEMPLE.

1853

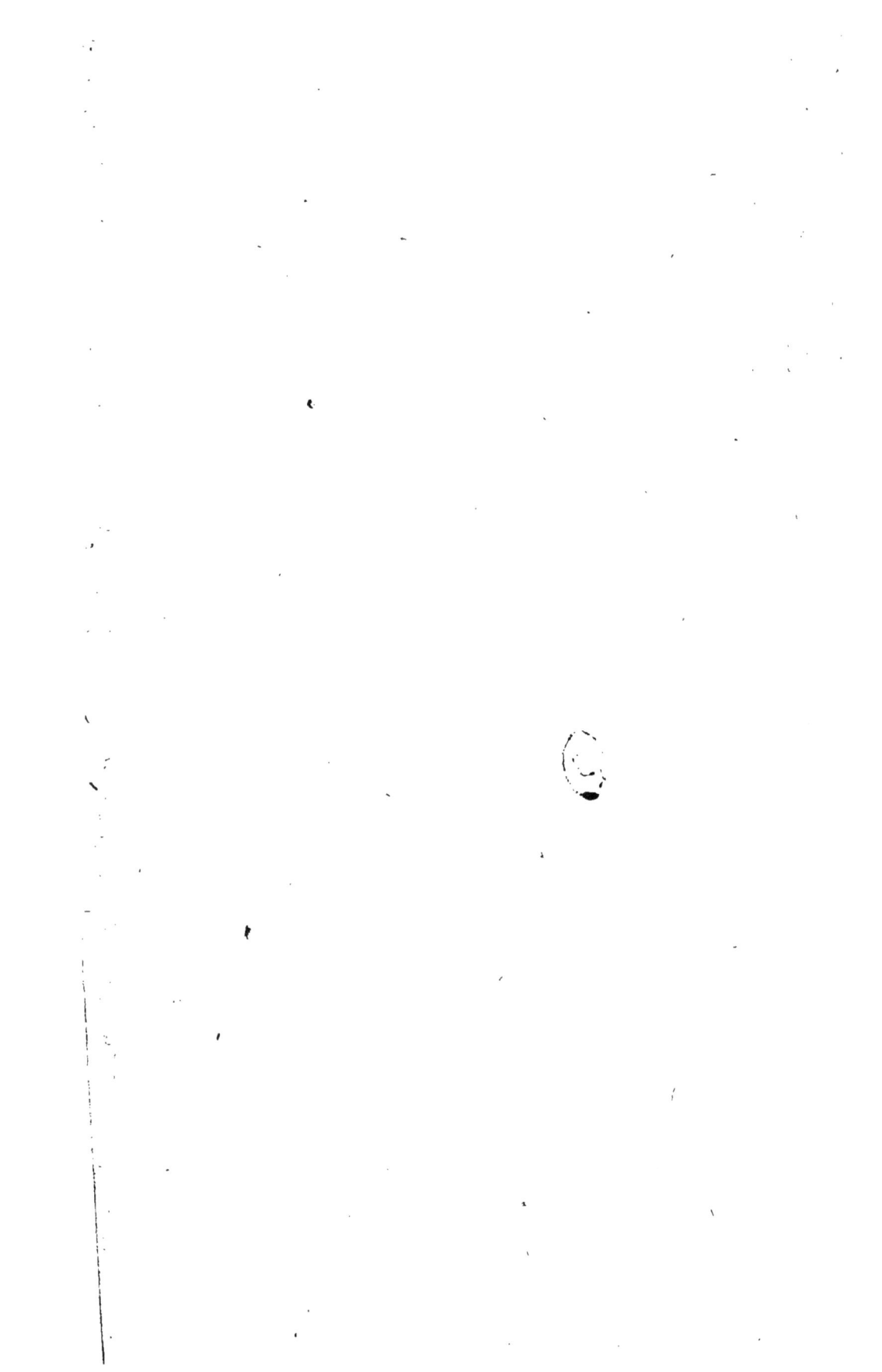

DICTIONNAIRE

DU MAGNÉTISME.

Forces ou agents invisibles.

Il existe des forces ou des agents occultes ou invisibles qui sont impalpables et dont on ne peut voir la cause, mais seulement les effets, tels que :

Vent.

1° L'air, sous la forme de vent, dont on a trop souvent à déplorer les ravages;

Air comprimé. — Air chaud.

2° L'air encore sous une autre forme, c'est-à-dire sous l'influence de la compression ou de la chaleur; car, dans ces deux derniers cas, il acquiert une force prodigieuse.

Électricité.

3° L'électricité; elle produit également, sans laisser de traces de son passage et de son action, des effets et procure une force dont on fait de nombreuses applications;

Odeurs.

4° Les odeurs elles-mêmes, dans un autre genre, sont également des agents invisibles qui agissent souvent d'une manière fâcheuse sur certaines personnes;

Magnétisme. — Électricité humaine. — Électro-magnétisme.

5° Le magnétisme, ou plutôt l'électricité humaine, ou pour mieux dire et lui donner un nom en rapport avec ses causes et ses effets, l'électro-magnétisme, doit encore être considéré comme un agent occulte, parce qu'il ne laisse pas de traces de son passage et de son action, et cependant ses effets sont constatés, ses résultats certains. .

Nous en voyons les effets, mais il faut remonter à la cause ; nous allons tâcher de le faire ; mais, pour y arriver, il nous faut examiner et expliquer comment et par quel moyen certains agents produisent leur action.

Ainsi nous avons parlé de l'air, l'action et la force de l'air mis en mouvement, et qui, dans ce cas, prend le nom de vent, est un fait reconnu.

Action du magnétisme. — Passes. — Grands courants. — Pénétration. — Influence du magnétisme sur les organes.

Or, si l'air mis en mouvement est soumis au contact et à l'action de deux personnes, dont l'une est le magnétiseur et l'autre le magnétisé (ou sujet), l'atmosphère qui entoure le magnétisé acquiert par le contact de l'air ainsi mis en mouvement par les passes opérées par les mains et par le déplacement et le frottement successifs des molécules qui le composent, une chaleur à peu près équivalente à celle du corps humain qui est de 32 degrés. On conçoit facilement qu'il acquiert en cet état une force plus grande, plus active et plus pénétrante, et que cette espèce de vapeur qui entoure et circonscrit les deux personnes peut et doit nécessairement établir entre elles, par sa facilité à s'introduire dans les organes de la tête, qui forment le centre des sensations et qui les communiquent instantanément à toutes les autres parties du corps, une influence que la personne la plus active procure à l'autre, et qui établit une corrélation de sensations par le contact, la pénétration et l'impression de cet air échauffé sur les organes.

Aussi doit-on remarquer que l'action est très lente surtout sur un nouveau sujet qui n'a pas encore éprouvé l'influence magnétique, parce qu'il faut que l'air ait le temps de pénétrer dans les organes et de produire l'effet.

Électricité magnétique.

Si on admet et si on reconnaît que l'air ainsi échauffé et mis en mouvement établit une action et une communication corrélative à laquelle on peut donner le nom de force entre deux personnes, et que, d'une autre part, on reconnaît l'action, les effets et la force ou l'influence du vent sur les corps inertes, on doit en conclure forcément, par induction, que le même effet du magnétisme doit, par le même moyen et la même action physiques, s'opérer sur eux et produire des effets analogues.

Seulement l'action est plus lente parce qu'il faut que l'air qui doit produire son effet et son action par son contact et sa pénétration, ait le temps d'atteindre et d'acquérir la chaleur nécessaire et d'entourer et circonscrire les deux corps dont un seul a fourni sa chaleur à l'autre qui ressent et éprouve et qui doit obéir par influence à l'action, à la force et à la volonté supérieure auxquelles il est soumis, comme cela a lieu dans l'électricité.

Découverte du magnétisme.

Depuis Mesmer, qui a découvert le magnétisme, le baquet et la chaîne magnétiques, il a eu pour interprètes deux hommes célèbres qui auraient pu par leurs essais, leur science et leur conviction, contribuer beaucoup à le faire connaître et à le faire admettre pour un fait, puisqu'aujourd'hui on le reconnaît.

Mais le charlatanisme s'en est emparé, des gens qui entrevoyaient dans son application à la médecine, c'est-à-dire à la guérison de tous les maux sans exception, ou à la pronostication, un sujet de grands bénéfices, en ont usé et abusé en s'en faisant un moyen de spéculation ; beaucoup ont réussi, non pas à guérir les malades qui avaient confiance en eux, mais à gagner beaucoup d'argent, parce qu'ils faisaient payer fort cher leurs passes et leurs consultations, étant obligés de faire participer à leurs bénéfices leurs sujets qui, pour la plupart du temps, ne sont que leurs concubines ; mais l'abus d'une chose ne prouve pas qu'elle est mauvaise.

D'autres, fanatisés et illuminés par les effets qu'ils avaient vu et qu'ils pouvaient produire sans bien les comprendre, puisqu'on commence à peine à les expliquer aujourd'hui, ont cherché, par des écrits pompeux, par des journaux en action et par des expériences plus ou moins douteuses, préparées, convenues et étudiées à l'avance, et par toutes sortes de moyens qui ne faisaient voir que des effets souvent négatifs, ont contribué par leur zèle maladroit et exagéré à jeter le doute dans les esprits sérieux, et même l'incrédulité, parce que qui veut trop prouver ne prouve rien.

Il fallait des faits sérieux, des expériences positives et le doute eut cessé, la science, car on s'en occupe avec succès, y eut gagné et aurait fait plus de progrès.

En résultat, les effets du magnétisme sont reconnus parce qu'ils sont appuyés de preuves, suite d'études sérieuses par des gens d'abord à demi-convaincus et qui ont mieux aimé se rendre compte des causes, des faits et des résultats d'une science nouvelle qui était jusqu'alors mal présentée et mal interprétée, que de rester à demi-convaincus, et ils ont réussi.

Foi au magnétisme.

Mais il faut bien se garder d'admettre tout ce qui a été dit par les gens trop zélés, la conviction doit s'arrêter là où la science a des bornes.

Transposition des sens. — Seconde vue.

On ne peut donc croire sérieusement à la transposition des sens pompeusement annoncée par un journal maladroit qui y a mis de l'insistance et qui a eu la bonhomie de prendre, il y a quelques années, au sérieux et d'en tirer des conséquences favorables au magnétisme, les expériences de seconde vue que l'adroit Robert Houdin, qui riait dans sa barbe, faisait avec son fils qui le secondait parfaitement et avec un tact qui jouait l'innocence, mais avec un sangfroid et un esprit parfaits ; mais le rédacteur dont nous parlons a été obligé forcément de reconnaître et de publier, dans le journal de ses actionnaires, que la seconde vue n'avait rien de commun avec le magnétisme, il aurait pu constater que l'effet de l'un est un acte de mémoire, tandis que l'autre est purement physique.

Nous disons donc que la transposition des sens ne peut avoir lieu chez l'homme d'après les règles de la physique, auxquelles nous sommes forcés d'obéir bon gré malgré.

En effet, l'organe de l'ouïe ne peut pas se déplacer à volonté pour descendre dans la région épigastrique. Ou bien il faudrait supposer que ce dernier organe pourrait prendre la place de l'autre. — Pourquoi ne pourrait-on pas, par une transposition du même genre, placer le nez de son sujet à la place de l'orteil du pied, qui remplacerait ainsi l'organe déplacé ? On ne pourrait plus dire alors qu'on ne se mouche pas du pied.

Prévision.

On ne peut donc pas raisonnablement admettre la prévision ni la seconde vue, pas plus que la vision, à travers les corps opaques ; car la personne endormie et soumise au fluide magnétique ne peut, d'après les règles physiques que nous avons fait connaître, qu'éprouver les sensations que lui communique, par le rapport, son magnétiseur.

Divination. — Voyages.

Elle ne peut donc, plus que lui, savoir et deviner ce que vous avez dans votre poche, à plus forte raison voir, à l'aide d'un prétendu voyage, ce qui se passe dans la maison voisine ou à dix ou vingt lieues.

Outre que cela est inadmissible, cela offrirait des dangers, non-seulement pour la morale, mais pour de trop faciles spéculations ; car il faudrait, pour qu'il en fût ainsi, que le sujet vît tout à découvert, et même ce qui se passe dans les intérieurs et sous les vêtements.

— Heureusement pour les mœurs il n'en est pas ainsi.

— Dieu seul a le droit et la puissance de tout voir et de prévoir.

Sommeil magnétique. — Son influence.

Il est reconnu, il est certain que l'influence magnétique peut provoquer le sommeil sur certains sujets qui veulent bien se soumettre à son action ; et si le sujet est somnambule, on peut lui poser des questions auxquelles il répondra, comme dans le somnambulisme ordinaire ; car l'un est provoqué et factice, on peut même dire artificiel ; mais les effets sont les mêmes.

Influence du magnétiseur. — Obéissance passive. — Catalepsie.

Le magnétiseur peut aussi, par son influence et sa force magnétique, faire lever et marcher son sujet, le faire asseoir, le faire mettre à genoux, lui faire lever tel ou tel membre à son commandement, à sa volonté, et même provoquer la catalepsie ou l'insensibilité momentanée de tel ou tel membre. Nous disons momentanée, car la personne que vous avez piquée dans le sommeil magnétique ressentira l'effet de la douleur à son réveil.

Sang-froid.

Mais il faut être bien sûr de son sang-froid, et avoir une grande expérience pour produire à coup sûr de pareils effets et obtenir des résultats certains; car il arrive souvent que la personne endormie d'un sommeil forcé, qui n'est que factice, puisqu'il est provoqué par une action et un fluide auquel elle s'est soumise, éprouve des impressions nerveuses, ou des espèces de cauchemars que le magnétiseur seul peut dissiper s'il garde son sang-froid; et il doit dans ces cas, qui se présentent souvent, être bien sûr de lui et de l'effet qu'il doit produire par les passes nécessaires pour arrêter ces sortes d'accidents qu'il n'a pas su prévoir.

Aimant.

Enfin nous disons que le corps de l'homme est un foyer d'aimant puissant, émanant son fluide par un seul acte de sa volonté, le faisant passer dans certains corps inertes, et leur communiquant momentanément le mouvement qu'il veut leur donner.

Nous en aurons la preuve par l'essai et l'expérience du pendule magnétique.

Volonté. — Pensée. — Leur transmission.

La volonté ou la pensée est un acte qui émane des organes du cerveau; elle se communique instantanément aux organes les plus éloignés, tels que les mains et les pieds; car si l'on veut lever ou faire agir un doigt ou un pied, l'action et l'effet se produisent aussi promptement que la pensée.

Fluide électro-magnétique.

Il y a donc entre le cerveau, siége de la pensée, et les autres organes, une communication qui s'exerce par un fluide; et c'est ce fluide, qui opère aussi promptement que l'électricité, qu'on appelle fluide magnétique, et qu'on devrait nommer fluide électro-magnétique.

Chaîne électro-magnétique.

Ce fluide produit son effet, non-seulement à l'intérieur, mais il nous environne et il se manifeste dans toutes les parties de notre être — C'est ainsi que lorsqu'on opère avec le pendule magnétique, si dix ou vingt personnes font la chaîne, se tenant par la main, ce que la dernière ordonne mentalement est à l'instant ponctuellement exécuté par le pendule magnétique avec une précision géométrique.

Volonté magnétique.

La volonté ou la pensée, sous la forme du fluide dont nous parlons, est donc instantanément transmise par l'effet de la chaîne de main en main, et par l'extrémité des doigts de la personne qui le supporte, jusqu'au pendule qui doit exécuter la volonté et qui obéit avec exactitude.

Précautions à prendre.

On doit, dans ces sortes d'expériences, avoir soin de ne pas porter sur soi, en contact avec le corps, des bijoux en métal qui absorberaient le fluide. Ainsi les femmes doivent se démunir de leurs bagues et de leurs boucles d'oreilles, ou l'expérience serait négative.

C'est ainsi que la volonté ou la pensée se transmet d'une personne à une autre dans le magnétisme proprement dit, parce que le sujet étant endormi d'un sommeil artificiel, puisqu'il est provoqué, toutes les facultés autres que la pensée étant engourdies ou absorbées, cette dernière, seule, est sous l'influence du fluide, à laquelle elle obéit. Seulement, il faut bien remarquer que si le sujet est somnambulé, il peut répondre aux questions qu'on peut lui adresser.

Zoo-magnétoscope.

Cet appareil, dont nous donnons la description, est très simple et de la plus délicate sensibilité ; il sert à indiquer la présence du fluide zoo-magnétique, la direction de ses courants et leur intensité.

Prenez un bouchon de liège, fixez sur lui une aiguille ordinaire à coudre par le bas, la pointe en l'air ; — placez sur la pointe une petite bande de papier végétal de 4 centimètres de long sur 2 millimètres de large, que vous pliez en deux pour bien marquer le milieu et former un point d'appui ; rouvrez-le, plus qu'en angle droit, et placez-le sur la raie produite par le pli, il se tiendra en équilibre.

Si vous approchez de l'appareil l'une de vos mains, en l'arrondissant autour, comme on ferait pour préserver une chandelle du vent, au bout de quelques secondes, vous verrez la bande de papier se mettre à tourner avec plus ou moins de rapidité, selon que votre main émet plus ou moins de fluide.

Vous remarquerez, comme point important, que si c'est la main droite qui agit, le papier tournera de gauche à droite ; tandis que si c'est la main gauche, il tournera de droite à gauche. — Si, au lieu de papier, vous employez un végétal très léger, tel que l'enveloppe la plus fine de la paille, vous obtenez une plus grande sensibilité.

Aimant. — Pôles. — Attraction positive, négative.

Ainsi, de même qu'une barre de fer aimantée, il produit deux effets, l'un attractif, l'autre répulsif.

La bande de papier représente une aiguille aimantée, dont un pôle est attiré et l'autre repoussé par le fluide qui agit sur elle en se dégageant de la main qu'on lui impose.

D'où on doit conclure qu'une main représente l'attraction positive, et l'autre celle négative.

Si on veut observer d'une manière sûre et concluante, en voici le moyen. Pliant le papier, que nous appellerons désormais aiguille magnétique par la moitié, comme on l'a fait pour le couper exactement, on noircit un des côtés du papier qui indique le nord.

En effet, s'il tourne tantôt à droite, tantôt à gauche, selon qu'on le met sous l'influence de l'une ou l'autre main, c'est que, comme l'aiguille aimantée, il est attiré, ou par le fluide négatif, ou par le fluide positif, et cela d'une manière invariable.

On en a la preuve, en joignant et rapprochant les deux mains pour le circonscrire ; on remarque alors que l'aiguille éprouve une influence analogue à celle du pendule magnétique dont nous allons parler. Elle arrête son mouvement de rotation, vascille sur elle-même, indécise comme dans l'électricité, lorsque la force positive se trouve en contact avec celle négative, et toujours le côté noir ira retrouver la main droite ; elle prend une position transversale.

Et si vous faites dans cette position, et pour ne pas agiter l'aigulllc qui est d'une extrême sensibilité, le tour de la table, le côté nord de l'aiguille suivra le mouvement de la main droite conservant la position transversale ; mais si vous retirez l'une des mains, elle reprendra le mouvement de rotation corrélatif aux émanations du fluide, sous l'impression duquel elle restera.

Boussole magnétique.

Cet appareil si léger et si simple, et qui a l'air d'un jouet d'enfant, mais qui doit son exactitude à sa légèreté, peut être appelé, à juste titre, Boussole magnétique, parce qu'il indique toujours d'une manière sûre de quel côté est la force positive et celle négative.

Thermomètre magnétique.

On peut aussi lui donner le nom de Thermomètre magnétique, parce qu'il indique exactement le degré de force magnétique des personnes qui le soumettent à leur influence.

Aussi une femme frêle en apparence, mais douée du fluide magnétique, lui donnera un mouvement de rotation de 5 ou 4 tours par seconde ; un enfant, chez qui la volonté domine, produira les mêmes effets en l'entourant de sa main délicate, tandis qu'un homme barbu, fort en apparence, et qui croira produire beaucoup d'effet, le verra rester calme sous sa main, parce qu'il ne possède pas le fluide au même degré que l'enfant dont nous parlons, et que les molécules ma-gnétiques, qui s'échappent par les extrémités, ne sortent pas chez lui en aussi grande abondance, ou n'ont pas la force suffisante pour agir sur l'aiguille magnétique.

Du reste, le même individu ne produira pas tous les jours ni à toute heure de la journée les mêmes effets; s'il est fatigué il n'aura pas d'action.

Tables tournantes. — Chapeaux tournants.

Pour faire cette opération, il faut observer le plus profond silence afin de concentrer la volonté, et les opérateurs étant dans les condi-tions voulues, on commence ainsi :

Pour un chapeau, on se place deux personnes, l'une d'un côté, l'autre de l'autre; chaque personne superpose les pouces et présente les petits doigts à l'autre personne qui y superpose les siens; il faut en touchant les bords du chapeau, ne le faire que très légèrement, et seulement pour que le contact du fluide ait lieu.

Au bout d'un temps plus ou moins long, quelquefois de 30 ou 40 minutes, le chapeau se meut de lui-même et on suit le mouvement en tournant avec lui.

On opère de même sur une table ronde, seulement comme il faut plus de force, on se met en contact avec 5, 6, 8 ou 10 personnes, et on opère de même.

Mais cette opération n'est pas probante, car alors qu'on cherche à suivre le mouvement commencé, on le devance naturellement, ne serait-ce que par l'adhérence des mains humides avec l'objet et on l'entraîne avec soi, de même que l'envie qu'on a de voir l'effet qu'on veut produire, fait qu'on y met involontairement de la complaisance, et qu'on donne la première impulsion, qu'on continue en tournant au-tour de l'objet; il faut mettre du reste la plus grande bonne foi dans l'essai de cette expérience.

Pendule magnétique.

Avant d'expliquer de quoi il se compose, nous indiquons le moyen de lui donner plus de force et d'activité :

Au lieu de tenir le fil ou la chaîne entre le pouce et l'index, ce qui occasionne la perte du fluide qui s'échappe des trois autres doigts inoccupés, on regagne cette force en le tenant entre le pouce et le petit doigt, et en groupant en faisceau les trois autres doigts au-dessus du petit, en sorte que tout le fluide se porte sur le fil conducteur.

Le pendule magnétique se compose d'un fil de 6 à 8 pouces de lon-gueur, (ni de soie, ni de couleur, le fil blanc est le meilleur conduc-teur,) au bout duquel on suspend un objet de métal, tel qu'un bouton.

Il faut ici remarquer qu'une rondelle composée de deux métaux, a beaucoup plus d'activité. Ainsi, une alliance d'or et d'argent produira plus d'effet qu'un autre composé d'un seul de ces métaux.

Mais on peut prendre une rondelle de zinc du diamètre d'une pièce de 10 sous, à laquelle, au moyen d'un trou fait avec un poinçon, on attache un fil de laiton que l'on tortille des deux côtés pour lui donner la forme d'un bouton.

Ainsi disposé, il a, en son état de suspension à l'une des extrémités du fil, une position horizontale qui ne peut pas contrarier le mouvement d'oscillation, et qui lui permet par le peu de résistance à l'action de l'air, de se mouvoir en tous sens avec facilité; et il possède déjà par le contact des deux métaux qui le composent, le cuivre et le zinc, un élément d'électricité qui lui procure une plus grande sensibilité.

Ainsi disposé le pendule est complet. On le tient par le fil libre, laissant pendre en équilibre le côté qui porte le bouton et il obéira à la volonté, parce que le fluide de la pensée passera des doïgts qui le supportent au fil conducteur qui le transmettra à la rondelle de zinc qui obéira instantanément. Pensez fortement à l'impulsion que vous désirez qu'il prenne, soit de droite à gauche, soit en rond, ou qu'il reste au repos absolu et le pendule suivra le cours de votre volonté.

D'où part le fluide.

On a la preuve que le fluide sort de l'extrémité des doigts qui soutiennent le pendule, car si on suspend le fil à cheval sur un bouton double, dit de chemise, composé de verre ou d'émail, qui n'est pas conducteur de l'électricité, l'opération n'a plus d'effet, parce qu'il y a interruption du fluide qui s'arrête au soutien intermédiaire comme cela a lieu dans l'électricité pour les fils conducteurs des chemins de fer qui reposent sur des tampons d'émail; et on sait qu'il en est de même de toutes les expériences d'électricité.

Empêchement à l'action magnétique.

Lorsqu'on commence à essayer cette opération, le fil à cheval sur le bouton de verre ou d'émail, on remarque que le pendule indécis et pris comme d'un mouvement fiévreux, vascille sur lui-même et n'obéit plus à la volonté, telle forte qu'elle soit, par cette raison toute simple que le fluide communicateur de la pensée est interrompu.

Cette dernière expérience est la preuve que la pensée se communique sous la forme de fluide jusqu'aux extrémités des membres, mais qu'elle s'arrête dès-lors que le fluide se trouve interrompu par un corps non conducteur. Il s'établit donc une opération purement électrique.

Transmission du fluide d'une personne à une autre.

Ces expériences faites ainsi que nous allons l'expliquer sont suffisantes pour démontrer aux plus incrédules d'une manière positive que non-seulement l'action magnétique existe et est inhérente à l'homme, mais qu'elle est communicative d'une personne à une autre ou à plusieurs formant la chaine pour établir le passage et la transmission du fluide.

Chaîne.

Qu'une personne tienne le pendule en suspens et donne la main à une autre personne, cette dernière, sans rien dire, n'a qu'à ordonner mentalement au pendule de prendre telle ou telle direction et il obéira instantanément avec la même force et la même précision que si la personne qui pense le tenait elle-même.

Le fluide passe donc d'une personne à une autre avec la rapidité de l'électricité pour produire son effet, d'où on doit conclure que le fluide est communicatif. On peut faire la chaîne à deux, trois, quatre ou un plus grand nombre de personnes, et l'action aura lieu avec la même rapidité et la même exactitude.

Explication rationnelle du magnétisme.

Dans cette opération, la personne qui tient le pendule n'est qu'un intermédiaire, le fluide la traverse et va opérer sur le pendule à son insu, tandis que dans l'action du magnétisme sur un somnambule, le fluide opère tout entier et directement sur le sujet chez lequel il se concentre et produit toute son action.

On conçoit dès lors qu'il doit éprouver toutes les impressions et sensations du magnétiseur qui, en lui transmettant le fluide, lui transmet ses pensées par la pénétration dans ses organes des molécules saturées de son fluide et mises en mouvement.

Comment s'opère la transmission de la pensée.

Cela explique pourquoi le magnétiseur pensant fortement, le sujet le comprend, il remplit l'office du pendule, il éprouve les mêmes impressions ; seulement le pendule obéit à la pensée, tandis que le sujet somnambule peut la comprendre et y répondre.

Mais c'est là où on échoue la plupart du temps, car le pendule obéit comme un mécanisme, tandis que les sujets sont plus ou moins bien disposés et sont souvent capricieux, selon les impressions qu'ils éprouvent dans le sommeil magnétique qui est toujours provoqué et artificiel. Souvent cela dépend des dispositions personnelles du sujet comme cela peut dépendre des distractions, du manque de force ou de la fatigue du magnétiseur, du fluide à l'action duquel il est soumis, de même qu'un courant d'air peut interrompre la transmission du fluide d'une personne à une autre.

FIN.

Sceaux, imp. de E. Dépée.

www.ingramcontent.com/pod-product-compliance
Lightning Source LLC
Chambersburg PA
CBHW050455210326
41520CB00019B/6223